AF344959

RHEINISCH WESTFÄLISCHE AKADEMIE DER WISSENSCHAFTEN

Rheinisch-Westfälische Akademie der Wissenschaften

Natur-, Ingenieur- und Wirtschaftswissenschaften   Vorträge · N 206

FRANZ BROICH

Probleme der Petrolchemie

Westdeutscher Verlag · Opladen

187. Sitzung am 4. März 1970 in Düsseldorf

ISBN 978-3-663-00941-2   ISBN 978-3-663-02854-3 (eBook)
DOI 10.1007/978-3-663-02854-3

Inhalt

Einer der markantesten Einschnitte in der Entwicklung der chemischen
Industrie in Europa ist ohne Zweifel der nach 1950 begonnene und heute
fast völlig durchgeführte Übergang von der sogenannten Kohlechemie zur
Petrolchemie. Nicht mehr Kohle und die Kohlewertstoffe, sondern Erdöl
und Erdgas liefern heute zu etwa 93 % die Primärchemikalien für die moderne Chemie. Diese Entwicklung, in den USA dank dem natürlichen Reich-
tum an Öl und Gas schon viel früher begonnen, hatte großen Einfluß auf
Forschung und Technologie. Es mußten wegen der Umstellung der Rohstoff-
basis sowohl andere Verfahren für bereits bekannte als auch für ganz neue
Produkte erarbeitet werden.

Die stürmische Entwicklung der letzten 20 Jahre war aber nur möglich,
weil die Raffineriekapazitäten infolge des hohen Bedarfs an Fahrbenzin
und Heizöl sehr schnell ausgebaut wurden. Diese Raffinerien lieferten neben
diesen Hauptprodukten diejenigen Fraktionen als *Nebenprodukte*, die als
Ausgangsmaterialien für die Primärchemikalien der Petrolchemie wichtig
sind. Diese sind hauptsächlich (als Beispiel ist die BRD gewählt):

Kohlenoxid	1045	Toluol	82
Methan	65	O-Xylol	66
Acetylen	318	p-Xylol	41
Aethylen	1442	Naphthalin	161
Propylen	785	Sonstige aromatische	
Butylen, Butadien	419	Kohlenwasserstoffe	95
Nichtaromatische		Wasserstoff	
Kohlenwasserstoffe, $> C_5$	164	(rein und in Synthesegas)	601
Benzol	361	(in 1000 t)	

Abb. 1:   Produktion von Primärchemikalien in der BRD – 1968

Von diesen Stoffen ist wohl das *Aethylen* am wichtigsten geworden. Es
wird im wesentlichen aus dem Leichtbenzin (Naphtha), der Fraktion Kp
35–85 °C, also dem Fahrbenzinvorlauf, gewonnen. Dieses Leichtbenzin *war*
lange Zeit im Überschuß vorhanden, weil der Fahrbenzinbedarf mit der
Entwicklung der Motorisierung schneller stieg als der Chemiebedarf, war

deshalb billig und regte zur Entwicklung der Aethylenchemie an. Billiges
Aethylen förderte den raschen Anstieg so wichtiger Stoffe wie Polyaethy-
len, Polystyrol, Aethylenoxid, die starke Ausweitung von Polyvinyl-
chlorid durch Ablösen des hierfür früher ausschließlich verwendeten Acetylens usw.

Es ist dies ein interessantes Beispiel, wie ein neuauftauchender Rohstoff
die Entwicklung ganzer Produktgruppen beeinflussen kann, nicht nur in
wirtschaftlicher, sondern gerade in wissenschaftlicher und technologischer
Hinsicht.

Die folgenden Betrachtungen erstrecken sich auf Westeuropa, soweit es
in der OECD zusammengefaßt ist.

Inzwischen hat sich aber die chemische Industrie so schnell entwickelt,
daß man nicht mehr mit den als Zwangsanfall gegebenen Rohstoffmengen
auskommt und sich die Frage erhebt, ob heute – und besonders in Zukunft –
die benötigten Mengen, speziell des Leichtbenzins, vorhanden sein werden
oder nicht und ob nicht besondere Maßnahmen zur Sicherung des Bedarfs an
den wichtigsten Primärchemikalien nötig werden. So mußte man schon in
letzter Zeit den Siedebereich des Leichtbenzins deutlich nach oben erweitern,
um die Nachfrage zu decken, was auf Kosten des Fahrbenzins geschieht.

Anders ausgedrückt ist es die Frage, ob auch in Zukunft der Bedarf an
Fahrbenzin und Heizöl, welche den Raffinerieausbau bisher bestimmen, im
selben Maße wie die Anforderungen der chemischen Industrie steigen wird.

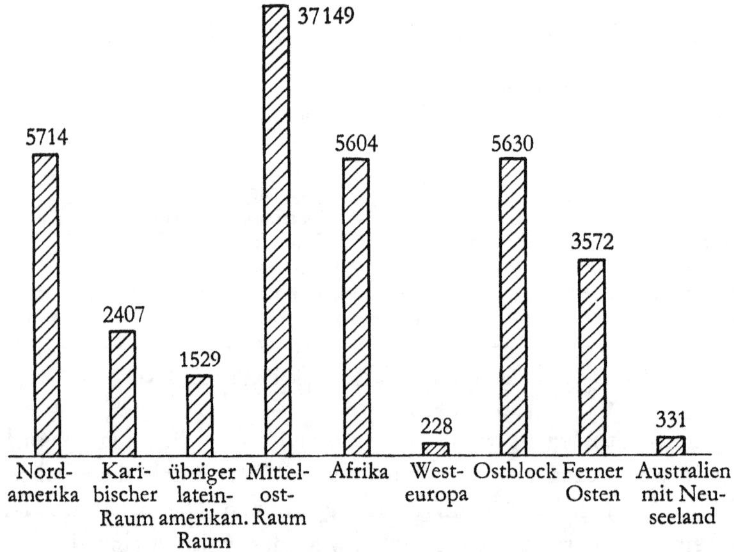

Abb. 2:   Welterdölreserven (in Mio. t)

Bedenkt man, daß 1970 in Westeuropa weniger als 4 %, in der BRD nur etwa 6 % des verarbeiteten Rohöls in die Chemie gehen, so sollte eigentlich die Bedarfsdeckung stets gewährleistet sein. Aber so sicher können wir nicht sein, besonders dann nicht, wenn man nicht mit statistischen Mittelwerten arbeitet, sondern die Verhältnisse im einzelnen betrachtet.

Die beiden nächsten Abb. geben einen Überblick über die heute bekannten und vermuteten *Vorräte* an Erdöl und Erdgas.

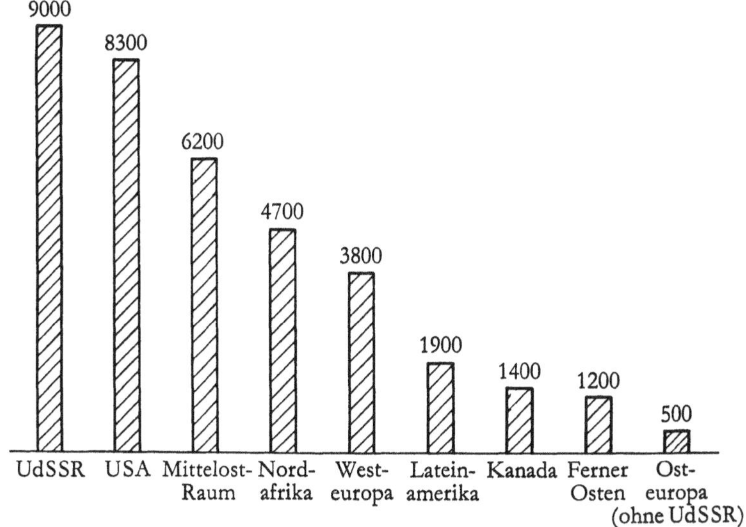

Abb. 3: Gesicherte Welterdgasreserven (in Mrd. m³)

Der unter den heute gegebenen wirtschaftlichen Bedingungen nutzbare Teil aller bekannten Ölvorkommen beläuft sich auf *62,2 Milliarden t* Erdöl als sogenannte bestätigte Reserven; die bestätigten Erdgasreserven belaufen sich auf 37 Billionen m³, umgerechnet in t sind das 29 Milliarden t oder ca. 50 % der Erdölvorräte.

Neben diesen bestätigten Reserven müssen für die Zukunftsbetrachtung auch die wahrscheinlichen Reserven herangezogen werden, die sich beispielsweise durch Felderweiterungen in der Nachbarschaft bekannter Lagerstätten auf Grund geologisch fundierter Berechnungen ermitteln lassen. Ferner können in weiteren Gebieten auf Grund ebenfalls bestätigter geologischer Strukturen wirtschaftlich nutzbare Erdölvorkommen vermutet werden, die man dann als mögliche Reserven bezeichnet. Die Summe all dieser Reserven, zu denen noch eine Verbesserung des Ausnutzungsgrades durch die Fortschritte der Fördertechnik hinzuzuzählen ist, ergibt dann als Endbegriff die sogenannten äußersten Reserven, die in der Abb. 4 aufgeführt sind.

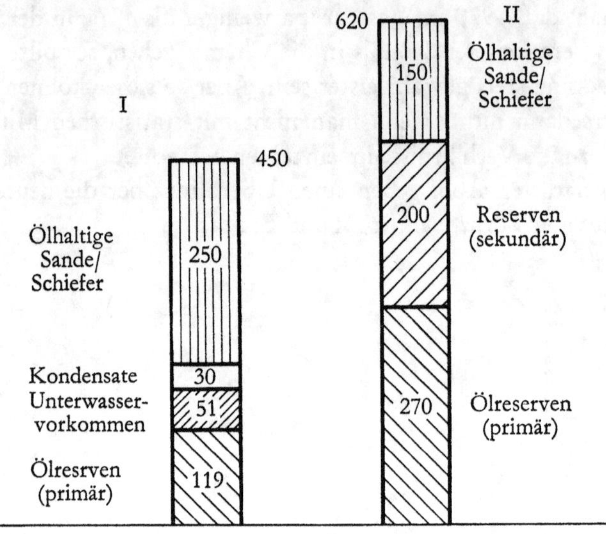

Abb. 4:   Geschätzte äußerste Welterdölreserven (in Mrd. t)

Man ersieht, daß auch hier eine Diskrepanz in der Schätzung 1 mit
450 Mrd. t und in der Schätzung 2 mit 620 Mrd. t besteht. Diese beiden
Schätzungen werden nach Auffassung von Fachleuten als sehr vorsichtig
und zurückhaltend angesehen, wohingegen andere Experten den Gesamtvor-
rat auf 850 Mio. bzw. 2500 Mio. schätzen.

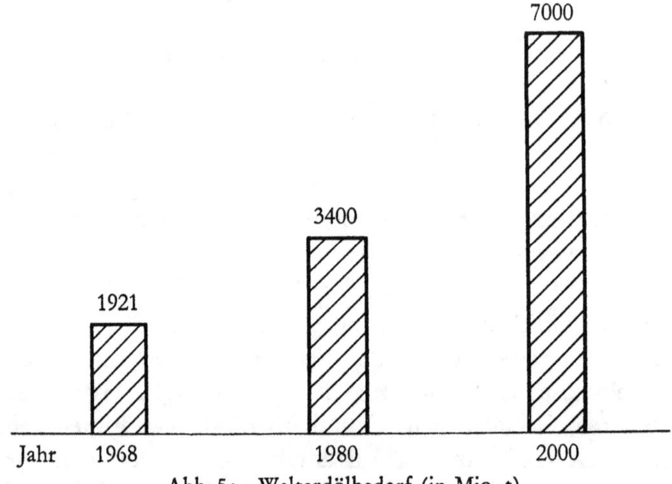

Abb. 5:   Welterdölbedarf (in Mio. t)

Ähnliches gilt auch für die Erdgasreserven, bei denen auf Grund der in
Sibirien und Alaska vor einiger Zeit entdeckten Vorkommen eine Steigerung auf 80 Billionen m^3 anzusetzen ist.

Die Zahlen beruhigen zunächst, versucht man aber, wie in Abb. 5 zu
sehen ist, bis 2000 den erwarteten jährlichen *Verbrauch*, der im Mittel ca.
4 % p. a. steigt, zu schätzen, so ergibt sich doch, daß die Prospektion rasche
Fortschritte machen muß und kostspielige Investitionen erforderlich sind,
um stets die benötigten Mengen Rohöl zu haben. Auf lange Sicht wird dieses
wegen der steigenden Aufschluß- und Förderkosten nicht billiger werden,
dabei ist von allen anderen Faktoren, wie den politischen Einflüssen, ganz
abgesehen worden.

Zunächst der Bedarf an Chemierohstoffen:

Das wesentliche Verfahren in Westeuropa – im Gegensatz zu den USA –
zur Gewinnung der Primärchemikalien aus Leichtbenzin ist das sogenannte
Steamcracken. Dabei wird in Gegenwart von Wasserdampf der Kohlen-
wasserstoff bei einer Temperatur von 750–800 °C thermisch gecrackt, was
der sogenannten „milden" Spaltung entspricht, bei höheren Temperaturen
– 830–835 °C – erhält man mehr Aethylen auf Kosten der Nebenprodukte,
sogenannte „scharfe" Spaltung.

Abb. 6 zeigt eine typische Analyse der Crackprodukte bei der Kurzzeit-
spaltung.

	mild	scharf
C_2H_4 (Aethylen)	100	100
C_3H_6 (Propylen)	59	41
C_4 gesamt	41,4	20
C_4H_6 (Butadien)	15,8	10,5
C_4H_8 (Butylene)	21,5	8,5
Isopren	4	2
Aromaten	50	33
Einsatz t/t C_2H_4 Leichtbenzin	3,7 t	3,1 t

Abb. 6:   Analyse der Crackprodukte

Da das Aethylen das Hauptprodukt ist, kann man ohne große Fehler
aus dem *Aethylenbedarf* auf den Leichtbenzinbedarf dann schließen, wenn
die Bedarfsentwicklung der anderen hier genannten Chemikalien geringer
als oder höchstens gleich wie die des Aethylens verläuft; Aethylen soll also
sozusagen die „Leitsubstanz" darstellen.

Zunächst noch eine Vorhersage über die vermutete Entwicklung der chemischen Industrie in Westeuropa überhaupt für die 70er Jahre: Allgemein
wird hierfür ein Wert von 8 % p. a., das heißt mehr als Verdoppelung bis

1980, angenommen. Einige Produktgruppen aber wie Kunststoffe, Synthese-
fasern werden schneller steigen, andere wie Lösungsmittel, Synthesekau-
tschuk usw. langsamer. Dies ist sehr wichtig, da gerade die schneller wachsenden Produkte der Petrolchemie angehören.

	USA	Europa	Japan
ND-Polyaethylen	11	11	11
HD-Polyaethylen	8	10	13
Aethylenoxid	7	8	15
Styrol	8	8	11
Vinylchlorid	11	15	13
alle anderen Derivate	8	9	8
Durchschnitt	9	10	12

Abb. 7:   Wachstumsraten der Aethylenderivate

Wir sehen, daß in Europa ein Anwachsen des Aethylenbedarfes von ca.
10–11 % bis 1980 erwartet wird. Dabei ist nicht anzunehmen, daß diese
Steigerung gleichmäßig erfolgt, sondern bis etwa 1975 kann ein schnelleres
Wachstum von etwa 12–13 % angenommen werden, dem dann ein Ab-
flachen der Kurve folgt.

Aus den Werten der Abb. 8 lassen sich nun die Mengen an Aethylen er-
rechnen, die benötigt werden auf Grund der Produktionszahlen. Tut man
dies, so erhält man für Westeuropa und die BRD folgende Zahlen:

	1970	1975	1980
Westeuropa	5 200	8 700	13 200
Index	1,0	1,68	2,54
BRD	2 000	3 450	5 200
Index	1,0	1,7	2,6

Abb. 8:   Aethylenbedarf in Westeuropa und der BRD (in 1000 t)

Die nächstwichtige Substanz ist das *Propylen*, ja man kann in Zukunft
annehmen, daß dieses C_3-Olefin genauso wichtig wie Aethylen – auch mengenmäßig – werden kann.

Der C_3H_6-Bedarf für die nachstehend aufgeführten Produkte ist aus der
folgenden Abb. zu ersehen:

Jahr	1970	1975	1980
Acrylnitril	510	895	1230
Cumol	340	495	630
Isopropanol	435	530	685
Propylenoxid	295	565	810
OXO-Alkohole	655	980	1255
Polypropylen	410	890	1415
andere Produkte	465	505	590
Sa.	3110	4860	6615
Index	1,00	1,57	2,13

Abb. 9: Propylenbedarf (in 1000 t)

Man erkennt leicht, daß der Propylenbedarf nur unwesentlich langsamer als der des Aethylens ansteigt, ja es gibt Angaben, denen zufolge das Wachstum etwa 12 % betragen wird, so etwa in der BRD.

Butadien, die Grundsubstanz der meisten Synthesekautschuke – eine Butadienchemie nennenswerten Ausmaßes in anderer Richtung entwickelt sich erst –, wird in dem Maße mehr benötigt, als der Synthesekautschukbedarf ansteigt. Hier konvergieren alle Voraussagen darin, daß dieser höchstens um ca. 6 % p. a. ansteigen wird. In diesem Maße wird also auch der Butadienbedarf sich erhöhen, allerdings nur, wenn keine wesentliche Sortimentsverschiebung der Kautschukarten etwa zum Polyisopren oder Aethylen-Propylenkautschuk eintritt. Gerade aber das *Isopren,* das ebenfalls im Steamcracker-Austrag vorkommt, wird eine wichtige Rolle spielen, da mit einer deutlichen Steigerung der *Polyisopren*-Produktion zu rechnen ist.

Wir kommen zu den *Aromaten,* im wesentlichen Benzol, Toluol, Xylole.

Der Bedarf wird sich z. B. für die BRD wie folgt entwickeln:

Jahr	1970	1975	1980
Benzol	850	1250	1900
Toluol	130	200	250
Xylole	330	600	1000

Abb. 10: Chemiebedarf an Aromaten in der BRD (in 1000 t)

Der Bedarf an Aromaten insgesamt wird also mindestens so wie der des Aethylens ansteigen, nämlich um ca. 10 % p. a.

Da hierfür aber noch andere Quellen, wie die Kokerei, die Extraktion aus Reformatbenzin, eventuell die Dealkylierung, als nur der Anfall aus den Crackanlagen vorhanden sind, kann man sagen, daß die Bilanz für Westeuropa ausgeglichen ist, wenn auch der hohe *deutsche* Bedarf besonders an Xylolen nicht ganz aus heimischen Quellen zu decken sein wird. Es sei aber hier gleich gesagt, daß eine reale Gefahr dann besteht, wenn auf Grund eines Teil- oder Totalverbotes des Bleizusatzes zum Fahrbenzin ein zusätzlicher Aromatenbedarf zur Verbesserung des Klopfverhaltens auftritt. Dann könnte es echte Verknappungserscheinungen geben. In derselben Situation gilt das auch für Propylen und Butylen. Diese müßten dann zur Herstellung von klopffestem Polymerbenzin (durch Alkylierung) in einem Maße eingesetzt werden, daß für die chemische Weiterverarbeitung ein echter Mangel auftreten würde. In Klammern muß aber hier gesagt werden, daß mit solchen Maßnahmen allein z. B. die Smoggefahr durch Autoabgase nicht beseitigt wird. Hier wird der Motorenbau noch etwas tun müssen.

Ein Wort zum *Wasserstoff-* und *Synthesegasbedarf:*

Wasserstoff für im wesentlichen die *Ammoniaksynthese* wird *heute* hauptsächlich aus Leichtbenzin und Flüssiggas durch Umsetzen mit Wasserdampf gewonnen. (In diesem Sinne gehört also Ammoniak zur Petrolchemie.) Das muß nicht so sein in Zukunft, da man ebensogut von Erdgas ausgehen kann und es wohl auch tun wird. Es ist eine Ammoniakproduktion von ca. 16 Mio. t für 1980 angenommen. Ähnliches gilt für das *Synthesegas,* eine Mischung aus Kohlenoxid und Wasserstoff für die Methanol- und Oxosynthese.

Geht man davon aus, daß das benötigte Aethylen in jedem Fall erzeugt wird, so ergeben sich aus den oben mitgeteilten Produktrelationen die Mengen an erzeugten Nebenprodukten, denen jetzt die Bedarfsmengen gegenübergestellt werden:

	1970		1975		1980	
	Er-zeugung	Bedarf	Er-zeugung	Bedarf	Er-zeugung	Bedarf
Aethylen	5 200	5 200	8 700	8 700	13 200	13 200
Propylen	3 110	3 110	5 000	4 860	7 800	6 615
Butadien	770	710	1 300	1 060	1 900	1 400

Abb. 11:   Erzeugung und Bedarf wichtiger Grundstoffe aus Aethylen-Anlagen in Westeuropa (in 1000 t)

Das Ergebnis ist, daß für das ganze Wirtschaftsgebiet die wesentlichen Stoffe mehr oder minder ausreichend vorhanden sein werden. Daß das auch in einzelnen Ländern oder Regionen der Fall ist, muß allerdings bezweifelt werden, wenn man sieht, daß z. B. für 1973 folgende Anteile des Benzins (Naphtha) für Petrolchemikalien eingesetzt werden:

Land	% des gesamten Naphtha für Erdölchemikalien		
Niederlande	47	Griechenland	12
Großbritannien	44	Schweden	9
BRD	36	Österreich	9
Belgien/Luxemburg	28	Schweiz	2
Frankreich	28	Portugal	0
Italien	20	Irland	0
Norwegen	19	Westeuropa	28
Dänemark	13		

Abb. 12: Naphthabedarf für petrolchemische Zwecke in den einzelnen europäischen Ländern 1973

Man sieht sehr deutlich den doch stark unterschiedlichen Grad der Chemisierung der Industrie, der zu Über- und Unterschüssen führt, was sofort Transportprobleme mit teilweise hohen Kosten aufwirft, wenn der nötige Mengenausgleich durchgeführt wird.

Faßt man alle die besprochenen Zahlen zusammen, so ergibt sich der *Leichtbenzinbedarf*, wobei als Wert für die Crackausbeute angenommen wurde, daß man für 1 t Aethylen 3,3 t Leichtbenzin braucht, als zu erwartender Mittelwert aus den Werten von Abb. 6:

	1970		1975		1980	
C_2H_4	5,2	(2)	8,7	(3,45)	13,2	(5,2)
Leichtbenzin für Olefine	13,4		23,0		34,5	
für Aromaten	3,75		5,8		7,9	
NH_3 Synthesegas	4,4		5,8		8,3	
Leichtbenzin	21,5	(6,6)	34,6	(11,4)	50,7	(17,2)
dazu nötiger Rohöldurchsatz	325	(100)	520	(172)	750	(260)

Abb. 13: Leichtbenzin für die Petrolchemie in Mio. t   Vergleichswerte für die BRD in ( )

Aus dem in Abb. 13 gezeigten Leichtbenzinbedarf resultiert unter Zugrundelegung eines Leichtbenzin:Rohöl-Verhältnisses = 1:15 – wie es zur Zeit in der BRD gilt – ein zukünftiger Rohölbedarf von 520 bzw. 750 Mio. jato für Westeuropa und 100 bzw. 260 Mio. jato für die BRD.

Man sieht, daß für die BRD Angebot und Nachfrage im Augenblick sich gerade decken, ob das allerdings *ceteris paribus* auch 1980 noch der Fall sein wird, ist mehr als fraglich. So ist auf keinen Fall zu erwarten, daß in der BRD in zehn Jahren der Rohöldurchsatz, wie er sich rechnerisch aus dem Aethylenbedarf ergibt, um den Faktor 2.6 ansteigt. Die später zu erörternden Maßnahmen haben deshalb gerade für unser Land erhöhte Bedeutung.

In Wirklichkeit ist aber der Bedarf an Rohöl für die Chemie höher, und zwar deswegen, weil auch andere Produkte als das Leichtbenzin zur Weiterverarbeitung eingesetzt werden. Dies gilt insbesondere für die aus den Dieselölfraktionen durch Molekularsiebverfahren oder mit Harnstoff abgetrennten höheren geradkettigen Paraffine, etwa C_{10}–C_{18}, aus denen in steigendem Maße so wichtige Produkte wie Säuren, Alkohole, Chlorderivate, Sulfate etc. erhältlich sind. Da aber diese Paraffinmengen zur Zeit schwer erfaßbar sind, wurden sie hier weggelassen. Das bedeutet, daß alle genannten Zahlen untere Werte darstellen. Sie werden sich mit Sicherheit in der zweiten Hälfte des betrachteten Zeitraumes deutlich erhöhen.

Nachdem so der Bedarf an Leichtbenzin und Rohöl – letzterer, soweit er die Chemie betrifft – ermittelt wurde, soll dessen Deckung diskutiert werden.

Lassen Sie mich aber vorher einen kurzen Vergleich zu den Verhältnissen in den USA bringen:

Dort ist immer noch die Hauptquelle für das Schlüsselprodukt Aethylen das Erdgas (ca. 65 %), bzw. die im dortigen „nassen" Erdgas enthaltenen C_2- und C_3-Kohlenwasserstoffe. Bei der Crackung werden aber nicht die C_3–C_5-Nebenprodukte und auch keine Aromaten erhalten. Das ist der Grund für eine Reihe von Mangelerscheinungen. Es bedeutet, daß die chemische Industrie der USA versuchen muß, auf anderen Wegen diese Stoffe ad hoc zu erzeugen oder aus Europa (und Japan) zu importieren, was dann Rückwirkungen auf Mengen und Preise bei uns hat. Oder US-Firmen bauen in Europa Verarbeitungsanlagen und exportieren die hergestellten höherveredelten Produkte teilweise nach USA.

Ein interessantes Beispiel liefert das schon genannte *Butadien*. Man erhält es auf zwei Wegen, einmal wie gesagt aus dem C_4-Schnitt der Steamcrackprodukte durch Extraktion oder durch Dehydrierung von Butan und Butylen.

Die nächste Abb. zeigt die unterschiedliche Situation in USA und Westeuropa:

	aus Butan/Butylen	aus Steamcrackanlagen
USA	66 %	34 %
Europa	14 %	86 %

Abb. 14: Butadienerzeugung

Nun ist das Dehydrierverfahren teuer, und deswegen besteht der Trend, daß diese Anlagen abgestellt und die europäischen und japanischen Überschußmengen nach USA exportiert werden, wieder mit der abzusehenden Tendenz zur Preissteigerung. Ähnliches gilt auch für Isopren, das zwar relativ und absolut weniger ins Gewicht fällt, in Europa immerhin in Mengen von 300 000 t potentiell als Nebenprodukt isolierbar ist, wieder im Gegensatz zu USA, wo es praktisch nur auf synthetischem Wege zur Verfügung stehen wird. Da aber Anlagen zur Extraktion, um wirtschaftlich zu sein, sehr groß sein müssen, Isopren aber nur – auf Aethylen bezogen – zu etwa 4 % anfällt, so entsteht hier ein schwieriges und teures Transportproblem. Man wird daher nur an wenigen Stellen Trennanlagen bauen, um die C_5-Schnitte jeweils der näheren Umgebung aufzuarbeiten. So wird es z. B. im Rhein-Ruhr-Gebiet geschehen, wo zur Zeit in Dormagen eine solche Anlage errichtet wird, die ihr Ausgangsmaterial aus den Aethylenanlagen unseres Gebietes erhält.

Hier ist es vielleicht am Platz, kurz die Verhältnisse unseres Landes zu schildern. Es sind sowohl die Raffineriekapazitäten als auch diejenigen für die petrochemischen Primärprodukte überproportional hoch z. B. zum Bevölkerungsanteil des Landes:

Kohlenoxid	59
Acetylen	32
Aethylen	67
Propylen	69
Butylen, Butadien	83
Nichtaromatische Kohlenwasserstoffe, $> C_5$	100
Benzol	82
Toluol	85
O-Xylol	90
p-Xylol	90
Naphthalin	78
Sonstige aromatische Kohlenwasserstoffe	48
Raffineriekapazität	35

Abb. 15: Anteilige Primärchemikalienproduktion und Raffineriekapazität in NRW (in % BRD)

Die günstige Situation in unserem Lande wird aber weiter verbessert durch den noch zu erwähnenden Rohstoffverbund, der sicherlich die Ansiedlung neuer petrochemischer Industrie und das weitere Wachstum der schon vorhandenen Werke begünstigt. Man kann mit einer gewissen Überspitzung sagen, daß das Rhein-Ruhr-Gebiet eine einzige große Chemieanlage ist – selbst ohne Berücksichtigung von gesellschaftlichen Verflechtungen.

Wie wird sich nun der *Gesamtrohölbedarf* entwickeln?

Wie schon gesagt, sind hier der Bedarf an Produkten für Transportzwecke (Automobil, Flugzeug, Schiff) und für die Energieerzeugung im weiteren Sinne bestimmend. Die Entwicklung dieser großen Gebiete ist nicht ganz leicht abzuschätzen, und es ist im Rahmen dieses Vortrages nicht möglich, ins Detail zu gehen. Es gehen hier so komplexe Größen wie das Bruttosozialprodukt, die Verschiebung der Energieträgeranteile, die Kaufkraftentwicklung, Bevölkerungszunahme, aber auch technologische Neuerungen etc. ein, mit all ihren prognostischen Schwierigkeiten. Folgende Annahmen erscheinen aber vorsichtig und sind deshalb einigermaßen realistisch (sie sind einer neuen, sehr gründlichen französischen Arbeit entnommen):

	Brutto-sozialprodukt	Energie-verbrauch	Transport	Industrie	Haushalt
1960/65	+ 4,8	+ 4,0	+ 3,8	+ 4,8	+ 5,6
1965/70	+ 4,0	+ 4,5	+ 7,8	+ 4,0	+ 4,5
1970/75	+ 4,7	+ 4,7	+ 6,6	+ 4,5	+ 4,5
1975/80	+ 4,5	+ 4,6	+ 5,5	+ 4,0	+ 4,5

Abb. 16:   Entwicklung ökonomischer Daten für Westeuropa

Vergleicht man das vorhin prognostizierte Wachstum der chemischen Industrie von 8 %, so sieht man sehr deutlich das Vorwegeilen der Chemie vor dem Energieverbrauch und auch der Transportentwicklung. Macht man weiterhin die Annahme, daß der Treibstoffverbrauch in der betrachteten Zeit etwa proportional mit der Zunahme des Verkehrs oder der Verkehrsmittel wächst – für die BRD rechnet man mit einer Zunahme der Kraftfahrzeuge um etwa 70 % zwischen 1970–1980, was einer Jahresrate von 5,5 % entspricht – und daß auf der einen Seite der Einsatz fester Brennstoffe zwischen 1970 und 1980 um etwa $^1/_3$ zurückgeht, der des Erdgases aber auf das 3- bis 3,5fache (auf ca. 14 %) ansteigen wird und auch die Kernenergie 1980

sich einen merklichen Anteil erobert haben wird, so kann man, ohne große
Fehler zu machen, für 1980 annehmen, daß von dem gesamten Rohöl, das
in Westeuropa verarbeitet wird, etwa 91 % für Energiezwecke aller Art
verbraucht werden. Darin sind enthalten ca. 27 % (absolut) für das Trans-
portwesen, ca. 60 % für Energieerzeugung im Kraftwerk und Haushalt, so
daß ca. 5 % für die Chemie und 5 % für andere Zwecke übrigbleiben (Rest
sind Verarbeitungsverluste).

Es ergeben sich daraus folgende Rohölmengen (in Mio. t):

	1970	1975	1980
Energie	320	440	610
Transport	140	190	250
Schmieröl Bitumen Lösungsmittel	35	45	55
Verluste (Koks)	40	50	55
Chemiebedarf	22 (4 %) 1	35 (4,5 %) 1,6	50 (5,1 %) 2,27
Rohöl	550 1	760 1,35	1020 1,85

Abb. 17: Rohölmengen in Mio. t

Es ist klar, daß alle diese Zahlen, besonders die für 1980, mit einem gewissen Fehler, der schwer abzuschätzen ist, behaftet sind.

Es ergibt sich, daß der oben errechnete Bedarf an Petroleumderivaten, in
allem gesehen, wenn überhaupt, dann nur knapp gedeckt werden kann, aber
auch nur dann, wenn sich keine Verschiebungen ergeben. Der Anteil der
Chemie am Rohölverbrauch wäre dabei mit 5,1 % nicht sehr deutlich an-
gestiegen, was an sich nicht recht wahrscheinlich ist.

Wie eingangs erwähnt, sind es aber gerade die leichten Fraktionen der
Raffinerieprodukte, im wesentlichen das Leichtbenzin mit einem mehr oder
minder weiten Siedebereich, welche für die Chemie interessant sind und die
bei der *Benzin*herstellung anfallen, also auch in ihrer Relation zum Fahrbenzin (Vergaserkraftstoff) gesehen werden müssen.

Da leider keine zuverlässigen Zahlen darüber vorhanden sind, kann nur
aus dem Trend in der BRD, der bis 1975 erfaßbar ist, geschlossen werden,

daß der Chemieanteil am Benzin (35–185°C) im Ansteigen ist. Daraus ergibt sich zwingend, daß in Zukunft mehr „leichte" Produkte gemacht werden müssen, wenn keine Knappheit eintreten soll.

Aus allem bisher Gesagten dürfte klargeworden sein, daß die Entwicklung der Petrolchemie auf der einen Seite ihren eigenen Marktgesetzen folgt, auf der anderen Seite von den Rohstoffen her mit so wichtigen und großen Gebieten wie dem Transport- und Energiemarkt gekoppelt ist. Wenn auch bisher keine wesentlichen Friktionen aufgetreten sind, so läßt doch das schnellere Wachstum der Chemie eine zunehmende Spannung erwarten. Es ist ganz sicher, daß beide Großmärkte langsamer expandieren – aus welchen Gründen auch immer – als die moderne chemische Industrie, von der man mit Recht sagen kann, daß ihre Zukunft gerade erst begonnen hat.

Was kann und sollte man tun, um Schwierigkeiten vorzubeugen?

Es sind hier verschiedene Möglichkeiten vorhanden, die zum Teil schon bei den Vorhersagen einkalkuliert sind:

1. *Ablösung der Leichtbenzinmengen,* die für Ammoniak und Synthesegas heute noch verbraucht werden, durch Erdgas. Hier liegt wohl der Haupteinsatz des Erdgases für chemische Zwecke.

2. Man muß mehr zur *Crackung hochsiedender Fraktionen,* z. B. Mitteldestillats und Heizöls, übergehen. Dies bedeutet eine *Änderung der Raffineriestruktur* und erlaubt einen höheren Anteil der Chemierohstoffe am durchgesetzten Rohöl. Wahrscheinlich wird hier das Hydrocracken – also in Gegenwart von Wasserstoff und Hydrierkatalysatoren, um Paraffine zu erhalten – eine zusätzliche Bedeutung gewinnen. Es ist zu bemerken, daß in der BRD bereits einige Hydrocracker gebaut werden.

In diesem Zusammenhang soll darauf hingewiesen werden, daß die Catcrackerkapazität heute in USA zur dortigen Rohölverarbeitungskapazität im Verhältnis 1 : 2,3 steht, während in der BRD dieses Verhältnis 1 : 16 beträgt. Aus diesem Zahlenverhältnis ist ersichtlich, daß in USA durch cracking weit mehr höhere Fraktionen in leichter siedende umgewandelt werden als in der BRD. Durch Erstellung eines Catcrackers kann beispielsweise der Anfall an schwerem Heizöl, der im Mittel 30 % des eingesetzten Rohöls beträgt, auf 14 % erniedrigt werden. Hierdurch erhöht sich der Ausstoß an Vergaserkraftstoffen und Mitteldestillaten. Hier liegt der grundsätzliche Unterschied zwischen USA und Europa in der Raffineriepolitik.

3. Auch die Stadtgasversorgung könnte von Leichtbenzin auf Erdgas in steigendem Maße umgestellt werden.

Um aber völlig aus der Koppelung an den Treibstoff- und Energiemarkt herauszukommen, wäre an den *Bau petrolchemischer Raffinerien* zu den-

ken, die nur noch Produkte für die chemische Industrie erzeugen. Ein Ideal-
beispiel zeigt die nächste Abbildung:

Durchsatz von 1.630.000 t/Jahr Middle East Crude	
Produkt	Produktion t/Jahr
Aethylen	513 000
Propylen	279 000
Butadien	80 400
Buten	98 200
Aromaten	318 000
Pyrolysebenzin	45 500
Butan	35 900
Ammoniak	264 000
Gesamtinvestition für eine solche Anlage ca. 100 Mio. $	

Abb. 18:   Chemische Raffinerie

Allerdings wären nur ganz große Anlagen wirtschaftlich. Aber warum
sollte nicht eine Kooperation verschiedener Abnehmer es ermöglichen, eine
solche Rohstoffversorgung auszunützen? Die dadurch erreichte Unabhän-
gigkeit von der Treibstoff- und Heizölerzeugung mit ihrer anderen Markt-
entwicklung ist keine Abkehr von der bisher hervorragend funktionieren-
den Zusammenarbeit zwischen Mineralölwirtschaft und Chemie. Diese würde
und sollte nach wie vor bestehen und würde in der Frage des günstigen
Standortes einen zusätzlichen Freiheitsgrad schaffen.

Eine andere, an mehreren Stellen bearbeitete Möglichkeit liegt darin,
Rohöl direkt zur Erzeugung von Acetylen, Aethylen etc. in der chemischen
Fabrik einzusetzen. So arbeiten z. B. die Chemischen Werke Hüls und die
Farbwerke Hoechst gemeinsam an einem Verfahren, das Rohöl oder hoch-
siedende Fraktionen als Rohstoff verwendet, dabei werden in ein mit Hilfe
eines elektrischen Lichtbogens erzeugtes Wasserstoffplasma die Kohlenwas-
serstoffe eingedüst. Andere Verfahren arbeiten mit der Partialoxydation.

Außer den Rohstofffragen sind aber noch einige andere Probleme geradezu charakteristisch für unseren Industriezweig:

Wir haben gesehen, daß bei der Herstellung des Aethylens eine Reihe
von Nebenprodukten anfällt, teilweise in erheblicher Menge. Es ist aber
nur dann eine befriedigende Kostensituation für das Hauptprodukt zu er-
zielen, wenn die „Nebenprodukte" alle chemisch verwertet werden. So wird
es noch auf einige Zeit einen Überschuß an den Butylenen geben, der zur
stärkeren wissenschaftlichen und technologischen Bearbeitung dieser interes-
santen Stoffe reizen sollte. Da aber nicht immer der Verbraucher in der
Nähe des Herstellers sitzt, so ergeben sich erneut erhebliche Transportpro-

bleme; so wird es nicht lange dauern, bis auch ein Propylenleitungsnetz analog zum Aethylenverbund entsteht. Andererseits begünstigt und verlangt
dies geradezu, daß sich große Chemiekomplexe sozusagen um die Primärbe-
triebe herum bilden, aus dem Anreiz des Angebotes an verschiedenen Rohstoffen.

Eine andere wirtschaftliche Folge der modernen Technik in unserem In-
dustriebereich ist der Zwang zu großen Fabrikationseinheiten auch bei den
Folgeprodukten, denn nur dann können die Kosten auf ein konkurrenzfähi-
ges Niveau gesenkt werden. Die nächste Abb. bringt die Einflüsse der Größe
einer Aethylenanlage auf die Kosten gut zum Ausdruck:

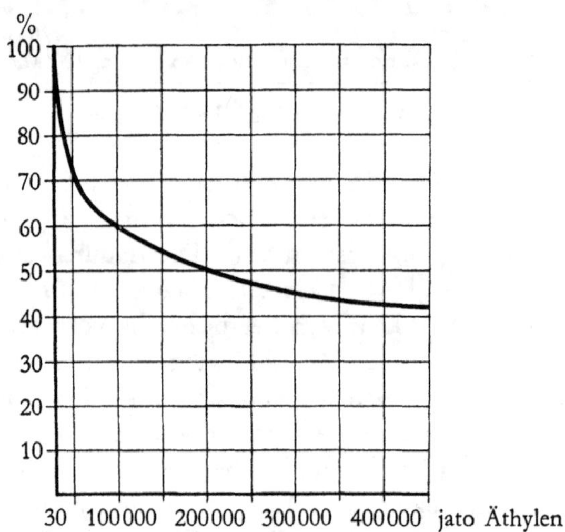

Abb. 19:   Beziehungen zwischen Aethylenherstellungskosten und Kapazität

Je größer aber eine Anlage ist, desto empfindlicher macht sich für die
Versorgung ein Ausfall bei Störung oder absichtlich bei der Überholung be-
merkbar. Solange jedes Werk für sich Aethylen erzeugte, war es gezwungen,
teure Reservehaltungseinrichtungen zu bauen, die einen Teil des Vorteils der
Kapazitätserhöhung verbrauchten. Hier wird der *Aethylenverbund* einen
Wandel schaffen: jede angeschlossene Erzeugungsanlage ist Reserve für alle
anderen, die Abstellzeiten werden koordiniert, und die Abnehmer stimmen
sich für den Störungsfall ebenfalls ab. Es ist dies ein schönes Beispiel einer
Kooperation, auch deswegen, weil bei Erzeugern und Verbrauchern teilweise
Konkurrenten zusammenarbeiten. Da zudem ein Ausgleich der Mengen er-
reicht wird und jetzt der Bau ganz großer, damit optimal wirtschaftlicher
Anlagen möglich geworden ist, stellt die hier praktizierte Lösung wohl das
Beste dar, was erreicht werden kann.

Das Leitungssystem, das von Hüls und Scholven über Dormagen am Rhein nach Geleen in Holland führt und im März in Betrieb genommen wird mit einer Länge von ca. 200 km, wird in den nächsten Jahren nach Antwerpen und nach Süddeutschland (Rhein-Main-Gebiet) und möglicherweise noch weiter Anschluß bekommen. Es ist zu erwarten, daß so in wenigen Jahren ca. 3 Mio. t Aethylen betriebssicher und preisgünstig zur Verfügung stehen. Damit kommt die Petrochemie der BRD, Benelux und eventuell von Teilen von Frankreich in eine Situation, die gleich oder besser ist als die mancher großer, überseeischer Konkurrenten.

Wir kommen nun zum Energieproblem:

Es ist in den letzten Jahren sehr viel, gerade auch in unserem Lande, über Energieprognosen, Energieverbrauch und seine Deckung diskutiert worden. Das Vordringen des Heizöls und neuerdings des Erdgases hat dem traditionellen Energieträger, der Kohle, das Leben schwergemacht. Es ist aber hier nicht der Ort, auf die sogenannte Kohlenkrise einzugehen.

Die chemische Industrie und insbesondere ihr modernster Zweig, die Petrolchemie, ist recht energieintensiv. Teils verbraucht sie viel Energie in Form von Dampf und Strom zur Durchführung endothermer Reaktionen – solche sind z. B. alle Dehydrierungen und Crackverfahren –, zur Erzeugung von Chlor usw., teils wird insbesondere Dampf als Wärmeträger für die meisten Aufarbeitungs- und Reinigungsprozesse, z. B. Destillationen, verbraucht. So beträgt der Anteil der kumulierten Energiekosten am Umsatz bei der Gesamtchemie ca. 12 %, bei der Petrochemie ca. 16 % und bei uns in Hüls etwa 18 %. Diese Zahlen brauchen keinen Kommentar, um ihre Bedeutung in wirtschaftlicher Hinsicht erkennen zu lassen. Dazu kommen aber erhebliche technische Probleme, die die Lage erschweren. Es wird nämlich meist übersehen, daß mengenmäßig noch wichtiger als die elektrische Energie die thermische Energie des hochgespannten Wasserdampfes ist. Da man Dampf ohne untragbare Verluste aber nicht weiter als 2–3 km fortleiten kann, muß jede größere chemische Fabrik ihre eigene Energieerzeugung haben. Aus den bekannten thermodynamischen Gesetzen geht man auf hohe Temperaturen und Drücke und erzeugt beim Herabspannen auf Gebrauchszustände sozusagen als Nebenprodukt den sogenannten Gegendruckstrom, dessen Gutschrift erst einen tragbaren Dampfpreis ergibt. Ein Problem tut sich dabei dann auf, wenn mehr Gegendruckstrom anfällt, als im Chemiewerk verbraucht werden kann. Hier muß dann ein Verbund mit der öffentlichen Stromversorgung gesucht werden, weil nur diese in der Lage ist, den Strom abzunehmen. Eine Schwierigkeit liegt aber darin, daß ein Chemiekraftwerk 8000 und mehr Benutzungsstunden hat, sehr im Gegensatz zur öffentlichen Versorgung, deren Strombedarf tages- und jahreszeitlich starken Schwankungen unterliegt. Hier sind der technischen Entwicklung noch Möglichkeiten einer Stromspeicherfahrweise gegeben. In Hüls praktizieren wir seit über 15 Jahren einen solchen Verbund mit bestem Erfolg, bei dem nachts unter Hereinnahme billigen Nachtstromes die eigenen Anlagen mit Überlast produzieren, die Zwischenprodukte werden dabei gespeichert, während am Tage die stromintensiven Anlagen zurückgefahren werden und Strom vom Chemiewerk ins öffentliche Netz, natürlich zu höherem Preis, abgegeben wird.

Die unbedingt zu fordernde gleichmäßige und gesicherte Energieversorgung läßt das Problem der Reservehaltung auch hier sehr dringend werden. Einerseits müßte man, wie es die Energiewirtschaft tut, sehr große Einheiten mit mehreren hundert Megawatt bauen, um minimale Kosten zu erhalten, andererseits würde der Ausfall einer solchen Einheit die Dampfversorgung und damit die Produktion weitgehend oder völlig zum Erliegen bringen.

Man muß deshalb auf die letzte Wirtschaftlichkeit verzichten und unterteilt die Energieanlagen in mehrere kleinere Blöcke, was aber bedeutet, daß die Energieerzeugungskosten nicht die optimalen Werte erreichen können.

Besonders gravierend wäre dies bei einem Kernkraftwerk mit seiner heute immer noch recht hohen Ausfallwahrscheinlichkeit. Hier wird man in der chemischen Industrie noch einige Zeit thermische Kraftwerke in Bereitschaft halten müssen, um wenigstens die Dampfversorgung zu sichern.
Hier bahnt sich eine technisch und wirtschaftlich interessante neue Entwicklung an: die Kombination einer Gasturbine für die Stromerzeugung und eines Abhitzekessels für den so wichtigen Dampf. Das Erdgasangebot und der Trend zur Herstellung leichter Raffinerieprodukte unterstützen diese kommende Technik. In Frankreich und in der BRD sind solche Anlagen im Entstehen, in einem Falle allerdings auf der Basis von Steinkohlengas (Steag). Bei relativ niedrigen Investitionen wird ein deutlich höherer thermischer Wirkungsgrad erzielt und damit billigere Energie gewonnen als in konventionellen Werken. Gerade für die chemische Industrie dürften solche Energieanlagen größtes Interesse haben.
Die Wichtigkeit billiger Energie für die chemische Industrie erklärt das große Augenmerk, das wir alle auf Energiefragen richten müssen, und man kann nur hoffen, daß endlich einmal der freie Wettbewerb der Energieträger auch bei uns kommt. Alle fiskalischen und sonstigen Maßnahmen, durch die einzelne Energieträger mit Abgaben belegt oder sonstwie gehemmt werden, treffen die Chemie doppelt hart, haben doch Rohöl, Heizöl und Erdgas eine Doppelfunktion:

> a) als Chemierohstoff,
> b) als Energieträger.

Die schon erwähnte Koppelung der verschiedenen Märkte und diese Doppelfunktion beeinträchtigen bei allen Maßnahmen nicht nur die *Energiepreise,* sondern auch die *Rohstoff*preise für den Chemieeinsatz und bei Selbstbeschränkungen auf dem Energiesektor auch die *Versorgung* der Chemieseite.

Nun noch einige Bemerkungen zur Frage der kommenden Kernenergie. Wenn die chemische Industrie im Anfang auch noch zögert, eigene Kernreaktoren zu bauen – sie müßten ja mit allen dadurch geschaffenen Erschwerungen auf dem jeweiligen Werksgelände stehen –, so können wir doch hoffen, daß im Verlauf der nächsten Jahre die noch heute vorhandenen „Kinderkrankheiten" überwunden sein werden, wobei z. B. der Schulten-Reaktor eine gerade für die Chemie interessante Variante sein könnte. Bis dahin dürften, wie gesagt, wohl Erdgas-Kraftwerke mit ihren verhältnismäßig geringen Investitionen gerade für die Chemie das richtige sein, wenigstens dort, wo wegen der Nähe der Erdgasquellen keine hohen Leitungskosten anfallen, aber auch dann nur, wenn der Erdgaspreis von seiner heutigen Höhe auf ein vernünftiges Maß heruntergeht.

Daß gerade in unserem Lande das Verbrennen eines schwefelarmen Gases eine Verminderung der SO_2-Belastung der Luft bringen würde und deshalb in den Ballungsgebieten Entlastung bringen könnte, solange es keine wirtschaftlich arbeitenden Abgasentschwefelungs-Verfahren gibt, sei nur am Rande erwähnt.

Ist es aber einmal möglich, Strom gesichert zu Preisen unter etwa 2,0 Pf kW/h beim Verbraucher zu bekommen, dann wird das Verfahren ermöglichen, die viel Strom oder thermische Energie brauchen und heute nicht durchgeführt werden können. Die Chemie des Acetylens, die heute in der ganzen Welt von der des Aethylen im wesentlichen aus Energiepreisgründen verdrängt wurde, könnte eine Renaissance erleben und neue, z. B. elektrolytische Verfahren, auch der organischen Chemie, und darüber hinaus Prozesse, die sich in einem Plasma abspielen und heute kaum zur Anwendung kommen, könnten der chemischen Industrie eine neue Richtung geben. Es wäre sinnvoll, wenn sich Forschung und Entwicklung heute schon darauf vorbereiten würden.

Die Chemie von heute, und auch auf lange Sicht die der Zukunft, ist im wesentlichen die Chemie des Kohlenstoffs. Die idealen Lieferanten dafür sind Erdöl und Erdgas. Beide sind auf die Dauer zu schade, um nur verbrannt zu werden.

Summary

In a lecture delivered to the Rheinisch-Westfälische Akademie der Wissenschaften in Düsseldorf in March 1970 Professor Franz Broich, Chairman of the Management Board of Chemische Werke Hüls AG, Marl, gave a survey of the present situation and the development of petrochemistry. It is no longer coal and coke oven by-products which supply the primary chemicals (at present 93 %) for modern chemistry but mineral oil and natural gas. This applies in particular to ethylene, as the most important basic material, which is, for the most part, recovered from light naphtha of the refineries. The question arises whether the demand for petrol and fuel oil which has hitherto determined the extension of the refineries will rise to the same extent as the requirements of chemical industry. With an assumed growth rate of chemical industry in Western Europe of 8 % p.a. in the seventies, the ethylene requirements of the said economic area may be expected to increase from 5.2 million tons in 1970 to 13.2 million tons by 1980.

Professor Broich pointed out a number of possibilities which might help to get away from the close tie-up with the fuel and energy markets with a view to safeguarding the raw material basis for the rapidly growing chemical industry: The replacement by natural gas of the quantities of light naphtha, used at present for ammonia and synthetic gas; an increasing change-over to the cracking of high-boiling fractions such as intermediate distillate and fuel oil. This involves a change in the structure of the refineries and permits a higher percentage of chemical raw materials in the crude oil processed; the construction of petrochemical refineries which will exclusively manufacture products for the chemical industry; the direct use of crude oil for the production of acetylene, ethylene etc. in the chemical factory. A further aspect is the creation of an ethylene grid permitting the construction of optimum production plants for ethylene and the precautions against operating troubles, shutdowns etc.

Chemistry today and for a long time to come will be essentially the chemistry of carbon, for which mineral oil and natural gas are the ideal suppliers. In the long run both are too valuable to be "burnt".

Résumé

En mars 1970, le professeur Dr. Franz Broich, président du comité de direction des Chemische Werke Hüls AG de Marl, a donné en présence de l'Académie Rhéno-Westphalienne des Sciences, à Düsseldorf, au cours d'une conférence, un aperçu sur la situation actuelle et les tendances de développement de la pétrochimie. Ce n'est plus le charbon ni les sous-produits de carbonisation, mais le pétrole brut et le gaz naturel qui fournissent (actuellement à 93 %) les produits chimiques primaires pour la chimie moderne. Ceci est valable en particulier pour l'éthylène comme matière de base la plus importante, extraite pour l'essentiel de l'essence légère des raffineries, le naphtalène. La question se pose, si, à l'avenir, les besoins en essence-automobile et en mazout, qui ont déterminé jusqu'alors l'élargissement des raffineries, augmenteront au même rythme que les exigences de l'industrie chimique. Pour un taux de croissance de l'industrie chimique dans l'Europe occidentale, qui est généralement évalué à 8 % p.a. pour les anées 70, on peut excompter un accroissement des besoins en éthylène dans cet espace économique de 5,2 millions de tonnes en 1970 à 13,2 millions de tonnes jusqu'en 1980.

Afin d'échapper à la liaison étroite au marché des carburants et d'énergie, le professeur Broich a attiré de nouveau l'attention sur les diverses possibilités, visant à garantir l'apport de matières premières en faveur de l'expansion rapide de l'industrie chimique: La séparation des quantités d'essence légère qui sont encore utilisées actuellement pour l'ammoniac et le gaz synthétique par le gaz naturel; un passage renforcé au cracking de fractions à ébullition élévée, telles que le distillat moyen et le mazout, fait qui entraîne un changement de structure de la raffinerie; la construction de raffineries pétrochimiques, fabriquant des produits destinés uniquement à l'industrie chimique; l'emploi direct de pétrole brut pour la production d'acétylène, d'éthylène etc. dans l'usine chimique. Un objectif ultérieur sera la création d'un réseau d'échange d'éthylène qui permettra de construire des fabriques optimales d'éthylène, et qui éliminera les pannes et les interruptions de la production etc.

La chimie d'aujourd'hui et, à la longue, celle de l'avenir, sera pour la plus grande partie la chimie du carbone. Les meilleurs fournisseurs en sont le pétrole brut et le gaz naturel. A la longue, tous deux sont trop précieux pour être tout simplement «brûlés».

Diskussion

Professor Dr. phil. Fritz Micheel: Ich will nur eine kurze Frage stellen: Sind in der von Ihnen gegebenen Übersicht über die bekannten Erdölvorräte auch die außerordentlich großen in Alaska enthalten? Diese Vorräte sollen die im arabischen und mittelasiatischen Raume nachgewiesenen noch übertreffen.

Professor Dr.-Ing. Dr. rer. nat. E. h. Franz Broich: Meine Zahlen sind zwei Jahre alt, so lange dauert es, bis sie statistisch verarbeitet sind. Daher sind die neuentdeckten Vorkommen wahrscheinlich nicht enthalten.

Professor Dr. phil. Dr.-Ing. E. h. Burckhardt Helferich: Ich möchte eine vielleicht etwas utopische Frage stellen: Wenn man die sicheren Erdölvorkommen und die Bohrungen nach Öl in Rechnung setzt, könnte man dann sagen, wie lange sie dann über das Jahr 1980 hinaus noch ausreichen würden?

Professor Dr.-Ing. Dr. rer. nat. E. h. Franz Broich: Wenn man ausrechnet, wieviel Rohöl auf Grund der in Abb. 5 angegebenen Mengen bis zum Jahr 2000 verbraucht sein wird, dann kommt man bei linearer Verbrauchszunahme auf ca. 130×10^9 t. Das wäre bereits doppelt soviel als der sogenannte *sichere* Vorrat von $62,2 \times 10^9$ t. Vergleicht man das mit den *vermuteten* und neuerdings erhöhten Mengen von etwa 850×10^9 t, so kann man erwarten, daß, wenn wir so weitermachen mit dem Verbrennen, Mitte des 21. Jahrhunderts die Vorräte erschöpft sein werden. Dabei wird unterstellt, daß die 7×10^9 t Verbrauch des Jahres 2000 nicht mehr stark ansteigen, weil doch die Kernenergie sich durchgesetzt haben wird.

Professor Dr. phil. Dr.-Ing. E. h. Burckhardt Helferich: Das wird mehr werden.

Professor Dr.-Ing. Dr. rer. nat. E. h. Franz Broich: Es braucht nicht mehr zu werden, weil die Hauptmenge, wie ich Ihnen sagte, nämlich 91 %, in Energieerzeugung aller Art hineingeht. Das heißt mit anderen Worten: Wenn Kernenergie oder Kernfusion nicht funktionieren sollten, dann werden wir in Schwierigkeiten kommen.

Ich habe mich beinahe nicht getraut, es zu sagen, weil es natürlich sehr spekulativ und auch dramatisch klingt. Wenn man das nur so in die Gegend stellt, daß wir vielleicht im Jahre 2050 nichts mehr haben, dann ist das eine wunderbare Schlagzeile für eine Zeitung – aber doch, wie es scheint, recht lange hin. Es kommt eben rein rechnerisch dabei heraus, aber ich glaube, daß wir keine Angst zu haben brauchen. Unsere Nachfahren werden auch noch eine warme Stube haben.

Professor Dr. phil. Fritz Micheel: Ich möchte noch zur Energie eine Frage stellen: Wie beurteilen Sie die Verfahren, unmittelbar durch Oxydation von leichten Kohlenwasserstoffen elektrischen Strom zu erzeugen? Das wäre ja von der Energieseite her sehr viel rationeller.

Professor Dr.-Ing. Dr. rer. nat. E. h. Franz Broich: Das wäre die Frage nach der Entwicklung der Brennstoffzellen oder auch des MHD-Verfahrens, der magneto-hydrodynamischen Stromerzeugung.

Professor Dr. phil. Fritz Micheel: Haben diese Methoden eine Zukunft analog den Sauerstoff-Wasserstoff-Elementen?

Professor Dr.-Ing. Dr. rer. nat. E. h. Franz Broich: Ich bin zuwenig Fachmann, um hier eine Antwort geben zu können. Aber meines Wissens sind wir noch recht weit von der großtechnischen Durchführung solcher Verfahren entfernt. Was die Erzeugung von Chemikalien durch direkte Oxydation betreffen würde, wobei die entstehende Wärmetönung die Zufuhr äußerer Energie überflüssig macht und damit Energie spart, so versucht man es natürlich immer wieder. Da es sich aber um Radikalreaktionen handelt, so leiden die meisten Verfahren darunter, daß sie recht unspezifisch sind.

Professor Dr. rer. nat. Heinrich Kaiser: Ich wollte auch noch eine Frage zu den Vorräten stellen. Auf dem Welterdölkongreß in Mexiko wurden die Geologen gefragt: Ist denn noch etwas da? Sie antworteten: Diese Frage existiert für uns überhaupt noch nicht, denn wir finden immer noch mehr, als wir voraussichtlich brauchen. Das ist eine merkwürdige Antwort, denn das Volumen der Erde ist begrenzt, und es muß einmal aufhören.
Ich wollte Sie dazu fragen: Sind in Ihren Statistiken schon Annahmen über eine mögliche Sättigung enthalten? Es ist doch so, daß man zumindest für einige Gebiete menschlicher Tätigkeit absehen kann, daß bald keine Reserven mehr vorhanden sind. In Amerika studieren schon, glaube ich, 25 % eines Geburtsjahrgangs auf dem College. Man sagte mir dort, daß damit die

Intelligenzreserve ausgeschöpft sei. Weiter hat man ausgerechnet, daß die Erdoberfläche in etwa 200 Jahren eine Temperatur von 500° haben müßte, um die erzeugte Energie in den Weltraum abzustrahlen, wenn der Energieverbrauch in demselben Verhältnis weiter so wachsen würde wie bisher. Wir sind also schon verhältnismäßig nahe an der überhaupt möglichen Grenze. Sind solche Überlegungen in Ihren Zahlen enthalten?

Professor Dr.-Ing. Dr. rer. nat. E. h. Franz Broich: Nein, mir sind aber auch keine bekannt. Ich habe ganz am Anfang gesagt: Als Naturwissenschaftler graust mir vor Prophezeiungen. Es ist bereits der Beginn der Kühnheit, an das Jahr 1980 zu denken, aber wir müssen es tun.

Unsere Haushaltspläne bauen sich, sehr im Gegensatz zum Staat, auf fünf Jahre auf. Wir brauchen also nicht jedes Jahr einen neuen Etat aufzustellen, sondern wir machen einen Fünfjahresetat. Die restlichen fünf Jahre, nämlich von 1975 bis 1980, werden geschätzt. Die Größenordnung des Fehlers ist dabei natürlich das Problem – wir wissen es nicht so recht. Darüber hinaus möchte ich gar nichts sagen.

Auch bei der Frage von Herrn Professor Helferich habe ich nichts anderes getan, als die mir bekannten Zahlen extrapoliert, und dann kommt das eben heraus.

Wie es mit der Entwicklung der Chemie gehen wird, weiß ich nicht. Daß es mit 8 % über die siebziger Jahre hinausgeht, glaube ich nicht, denn auch hier sehen wir auf manchen Gebieten Sättigungskurven. Sie kennen alle diese berühmte S-Kurve. Es geht langsam los, dann steigt sie steil an und flacht wieder ab, aber dann kommt in der Chemie – wenigstens bis jetzt – immer etwas Neues. Die Hoffnung können wir sicher haben, daß es immer wieder etwas Neues gibt.

Ich möchte eine Zahl nennen: Wir können über die ganze Zeit bis zum Jahre 2000 vielleicht mit einem Chemiewachstum von 5–6 % per annum rechnen. Das ist auch ganz schön. Dabei kommen ganz erhebliche Mengen heraus. Bei 6 % würde die Chemieproduktion im Jahre 2000 ca. 5,7mal so groß sein wie heute. Das läge dann ziemlich genau parallel zu der prognostizierten Energieverbrauchszunahme von 4 %, die ich ganz am Anfang nannte. Daß bei den Statistikern, die das gemacht haben, ein innerer Zusammenhang vermutet werden kann, glaube ich nicht, denn die Erdölleute denken im allgemeinen nicht primär an die Chemie.

Dr. jur. Karl-Heinz Möller-Klepzig: Wie sieht es heute mit der Wirtschaftlichkeit der Raffinerien aus, die speziell auf den Bedarf der chemischen Industrie eingestellt sind?

Professor Dr.-Ing. Dr. rer. nat. E. h. Franz Broich: Es gibt eigentlich noch keine richtigen, wenigstens nicht in Deutschland und Westeuropa. Was Abb. 18 gezeigt hat, stammt aus USA.

Dr. jur. Karl-Heinz Möller-Klepzig: Ist das nur ein Projekt?

Professor Dr.-Ing. Dr. rer. nat. E. h. Franz Broich: Das, was ich Ihnen zeigte, ist ein Projekt. Ich weiß nicht, ob es im Bau ist. Der erste Versuch dazu in Deutschland ist die Marathon-Raffinerie, die etwa bei der Hälfte stehengeblieben ist, aber immerhin nur noch 40 % der Produkte für Energiezwecke nach außen liefert und das andere in Acetylen usw. verwandelt. Das ist solch ein Versuch. Mehr kann ich Ihnen darüber nicht sagen.

Dr. jur. Karl-Heinz Möller-Klepzig: Arbeiten die im wirtschaftlichen Rahmen?

Professor Dr.-Ing. Dr. rer. nat. E. h. Franz Broich: Ich hoffe es, zumindest die Leute, die die Projekte gemacht haben. Warum sollten die Anlagen es nicht tun? Die Preise für Chemierohstoffe liegen etwa in derselben Größenordnung für die Raffinerie wie zum Beispiel die Preise für Vergaserkraftstoff, teilweise aber deutlich höher.

Dr. jur. Karl-Heinz Möller-Klepzig: Die Anlage ist ziemlich teuer.

Professor Dr.-Ing. Dr. rer. nat. E. h. Franz Broich: Die Anlage kostet 100 Mio. Dollar, das sind rund 400 Mio. DM. Das ist teuer, denn es sind einige Cracker darin. Es ist ja ein Kombinat von Anlagen verschiedenster Art.

Professor Dr. rer. nat. Burchard Franck: Ist es *nur* als ein Nachteil anzusehen, wenn größere Anteile des Erdöls verbrannt werden, anstatt daß man sie chemisch verwertet? Die dadurch verursachte Erhöhung des CO_2-Gehaltes der Atmosphäre könnte durch Verbesserung von Klima (Treibhauseffekt) und Assimilation die landwirtschaftliche Gewinnung hochwertiger organischer Verbindungen steigern. Vielleicht wäre es mit Rücksicht auf den wachsenden Nahrungsmangel sogar wichtig, aus dem derzeitigen, erdgeschichtlich ungewöhnlichen Zustand mit viel eingelagertem Kohlenstoff, geringer CO_2-Konzentration in der Luft und entsprechend gedämpftem Pflanzenwuchs allmählich wieder herauszukommen.

Professor Dr.-Ing. Dr. rer. nat. E. h. Franz Broich: Ich habe ein Viertel
meiner Zeit auf die Energie verwendet, um zu zeigen, wie wichtig sie ist.

Je billiger die Energie ist, desto mehr kann man sich Prozesse erlauben,
die heute utopisch sind. Natürlich kann man aus Kohlensäure Methanol machen – es gibt solche Verfahren –, dabei darf man aber nicht vergessen, daß
man dabei ein Mol Wasser macht, das man normalerweise einfacher und
billiger haben kann. Zusätzlich braucht man noch Wasserstoff, den man sich
erst wieder künstlich aus den Kohlenwasserstoffen machen muß. Das gibt
sehr schnell einen Circulus vitiosus. Außerdem ist mehr Kohlensäure vorhanden, als die Chemie aufnehmen könnte, denn vergessen Sie nicht: 91 %
des Rohöls werden verbrannt, im Auto, im Schiff, im Flugzeug, im Haushalt, im Kraftwerk. Lediglich 5 % gehen in die Chemie. Wir können das also
gar nicht aufnehmen und sind keine Rettung für diese Dinge. In jedem Fall
nimmt der CO_2-Gehalt in der Luft zu.

Sie schneiden vielleicht etwas anderes an, das in die Biologie geht und in
die Umgebungseinflüsse. Ich bin nicht darauf eingegangen, sonst gäbe es
ein Winterkolleg mit mehreren Stunden in der Woche über das, was alles
noch daran hängt.

Die SO_2-Belastung der Luft habe ich kurz erwähnt. Auch das Blei aus
dem Abgas der Automobile habe ich kurz gestreift, aber anderes, beispielsweise die Abwasserprobleme, nimmt zu und wird der Chemie – oft sehr un-
berechtigt – angelastet, obwohl wir in Deutschland wirklich eine Menge tun.
Ich darf allein eine Zahl aus meinem Hause nennen. Wir haben seit 1953
„bloß" 120 Mio. DM dafür ausgegeben, um das Abwasser unter Kontrolle
zu halten. Das werden eines Tages die wirklichen Probleme sein bei der Zunahme der Menschendichte. Der Raum für den einzelnen wird kleiner, denn
es gibt mehr Menschen, und die Welt wird nicht größer. Das werden die
Aufgaben sein, die wir alle miteinander lösen müssen. Da wird die Chemie
eine ganze Menge treffen, aber sie wird es auch leisten können.

Ich wollte das aber nur streifen, sonst kann man wirklich, wie gesagt, ein
Winterkolleg darüber halten, gar nicht zu reden von Personalproblemen,
von Nachwuchsfragen, von Automation oder dem Einsatz von Computern,
der sich gerade hier anbietet. Ich sagte ja, daß die modernen Anlagen außerordentlich groß sein müßten. Es bietet sich also an, gerade hier mit Computern zu arbeiten, und wir tun es. Das alles aber sind, so möchte ich sagen,
Probleme sekundärer Art gegenüber der Beschaffung von Rohstoffen und
der Beschaffung der billigen Energie und der Bewältigung der Probleme der
Umwelthygiene.

Professor Dr. rer. nat. Christoph Rüchardt: Seit einigen Jahren wird an der Entwicklung eines elektrisch betriebenen Automobils gearbeitet und, soviel ich weiß, nicht ohne Erfolg. Muß man bei der langfristigen Planung der Petrolchemie diese Entwicklung schon einbeziehen, und welcher Einfluß würde sich ergeben?

Professor Dr.-Ing. Dr. rer. nat. E. h. Franz Broich: Wir müssen damit rechnen. Angenehm wäre dann, daß Benzin frei wird. Uns Chemikern wäre das recht. Wie weit dann das Auto fährt, ob 50 km oder 100 km, bis man es wieder aufladen muß, ist eine andere Frage. Sie würde in dem Zusammenhang, den ich vorgetragen habe, nach der günstigen Seite gehen, dabei darf man aber nicht vergessen, daß der Strom, wenn es sich um Brennstoffstellen handelt, halt doch wieder letzten Endes aus fossilen Brennstoffen direkt oder indirekt kommt.

Veröffentlichungen
der Arbeitsgemeinschaft für Forschung des Landes Nordrhein-Westfalen
jetzt der Rheinisch-Westfälischen Akademie der Wissenschaften

Neuerscheinungen 1967 bis 1970

WISSENSCHAFTLICHE ABHANDLUNGEN

27   *Ahasver von Brandt, Heidelberg,*   Die Deutsche Hanse als Mittler zwischen Ost und West
     Paul Johansen, Hamburg,
     Hans van Werveke, Gent,
     Kjell Kumlien, Stockholm,
     Hermann Kellenbenz, Köln
28   *Hermann Conrad, Gerd Kleinheyer,*   Recht und Verfassung des Reiches in der Zeit Maria Theresias.
     Thea Buyken und   Die Vorträge zum Unterricht des Erzherzogs Joseph im Natur-
     Martin Herold, Bonn   und Völkerrecht sowie im Deutschen Staats- und Lehnrecht
29   *Erich Dinkler, Heidelberg*   Das Apsismosaik von S. Apollinare in Classe
30   *Walther Hubatsch, Bonn,*   Deutsche Universitäten und Hochschulen im Osten
     Bernhard Stasiewski, Bonn,
     Reinhard Wittram, Göttingen,
     Ludwig Petry, Mainz, und
     Erich Keyser, Marburg (Lahn)
31   *Anton Moortgat, Berlin*   Tell Chuēra in Nordost-Syrien. Bericht über die vierte Grabungs-
                                          kampagne 1963
32   *Albrecht Dihle, Köln*   Umstrittene Daten. Untersuchungen zum Auftreten der Griechen
                                          am Roten Meer
33   *Heinrich Behnke und*   Festschrift zur Gedächtnisfeier für Karl Weierstraß 1815–1965
     Klaus Kopfermann (Hrsgb.),
     Münster
34   *Joh. Leo Weisgerber, Bonn*   Die Namen der Ubier
35   *Otto Sandrock, Bonn*   Zur ergänzenden Vertragsauslegung im materiellen und inter-
                                          nationalen Schuldvertragsrecht. Methodologische Untersuchun-
                                          gen zur Rechtsquellenlehre im Schuldvertragsrecht
36   *Iselin Gundermann, Bonn*   Untersuchungen zum Gebetbüchlein der Herzogin Dorothea
                                          von Preußen
37   *Ulrich Eisenhardt, Bonn*   Die weltliche Gerichtsbarkeit der Offizialate in Köln, Bonn
                                          und Werl im 18. Jahrhundert
38   *Max Braubach, Bonn*   Bonner Professoren und Studenten in den Revolutionsjahren
                                          1848/49
39   *Henning Bock (Bearb.), Berlin*   Adolf von Hildebrand
                                          Gesammelte Schriften zur Kunst
40   *Geo Widengren, Uppsala*   Der Feudalismus im alten Iran
41   *Albrecht Dihle, Köln*   Homer-Probleme

Sonderreihe
PAPYROLOGICA COLONIENSIA
Vol. I
Aloys Kehl, Köln   Der Psalmenkommentar von Tura, Quaternio IX
                                          (Pap. Colon. Theol. 1)

Vol. II
Erich Lüddeckens, Würzburg   Demotische und
P. Angelicus Kropp O. P., Klausen   Koptische Texte
Alfred Hermann und Manfred Weber, Köln
Vol. III
Stephanie West, Oxford   The Ptolemaic Papyri of Homer
Vol. IV
Ursula Hagedorn und   Das Archiv des Petaus (P. Petaus)
Dieter Hagedorn, Köln,
Louise C. Youtie und
Herbert C. Youtie, Ann Arbor
(Hrsgb.)

SONDERVERÖFFENTLICHUNGEN

Herausgeber: Der Ministerpräsident
des Landes Nordrhein-Westfalen   Jahrbuch 1963, 1964, 1965, 1966, 1967, 1968 und 1969
– Landesamt für Forschung –   des Landesamtes für Forschung

Verzeichnisse sämtlicher Veröffentlichungen der Arbeitsgemeinschaft
für Forschung des Landes Nordrhein-Westfalen, jetzt der Rheinisch-Westfälischen
Akademie der Wissenschaften, können beim Westdeutschen Verlag GmbH,
567 Opladen, Ophovener Str. 1–3, angefordert werden.

GPSR Compliance
The European Union's (EU) General Product Safety Regulation (GPSR) is a set
of rules that requires consumer products to be safe and our obligations to
ensure this.

If you have any concerns about our products, you can contact us on

ProductSafety@springernature.com

In case Publisher is established outside the EU, the EU authorized
representative is:

Springer Nature Customer Service Center GmbH
Europaplatz 3
69115 Heidelberg, Germany